客厅装修新风格1500例

雅致中式风

锐扬图书 编

海峡出版发行集团 | 福建科学技术出版社
THE STRAITS PUBLISHING & DISTRIBUTING GROUP | FUJIAN SCIENCE & TECHNOLOGY PUBLISHING HOUSE

图书在版编目（CIP）数据

客厅装修新风格1500例. 雅致中式风 / 锐扬图书编.
—福州：福建科学技术出版社，2020.6
ISBN 978-7-5335-6122-2

Ⅰ.①客… Ⅱ.①锐… Ⅲ.①住宅 - 客厅 - 室内装饰设计 - 图集 Ⅳ.①TU241-64

中国版本图书馆CIP数据核字（2020）第046298号

书　　名	**客厅装修新风格1500例　雅致中式风**
编　　者	锐扬图书
出版发行	福建科学技术出版社
社　　址	福州市东水路76号（邮编350001）
网　　址	www.fjstp.com
经　　销	福建新华发行（集团）有限责任公司
印　　刷	福建彩色印刷有限公司
开　　本	889毫米×1194毫米　1/16
印　　张	7
图　　文	112码
版　　次	2020年6月第1版
印　　次	2020年6月第1次印刷
书　　号	ISBN 978-7-5335-6122-2
定　　价	39.80元

本书使用说明

客厅装饰亮点

①白色大理石装饰的电视墙，展现出现代中式风格居室简约大气的特点，使墙面的整体感更加简洁通透。

②设计线条简约流畅的米白色布艺沙发，柔软舒适的触感，搭配大块地毯，提升了客厅的舒适度。

对经典案例的全方位解读，方便借鉴与参考

白色人造大理石

客厅装饰亮点

①以巨幅山水画装饰的电视墙，虚实处理得当，为客厅营造出浓郁的中式意境。

②抱枕与沙发的颜色形成鲜明对比，呈现出清爽、明快的视觉效果。

③木质家具选用白色与黑色两种色彩，明快的对比，简约的线条设计，更加凸显了现代中式风格追求时尚不忘初心的设计理念。

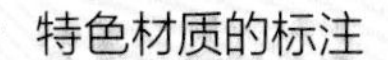

混纺地毯

特色材质的标注

客厅装饰亮点

①简约的隔断划分客厅与其他空间的同时，将玄关处的景色成功引入室内，利用借景的手法提升了整个客厅的装饰颜值，为客厅带来悠远的意境。

②黑色木质窗棂造型作为墙面装饰，打破了墙漆的单调感，加强了空间的中式韵味。

米白色网纹玻化砖

客厅材料课堂

特色实用贴士，分类明确，查阅方便

泰柚木饰面板

泰柚木质地坚硬，细密耐久，耐磨耐腐蚀，不易变形，是涨缩率最小的木材之一。

其天然的纹理和色泽，令空间呈现出浓郁的自然风情。

挑选泰柚木饰面板时要注意，应挑选材质细致均匀、色泽清晰，木纹美观，表面没有疤痕的。在实际应用中还要注意，配板与拼花时纹理应按一定规律排列，相邻板材木色应相近。

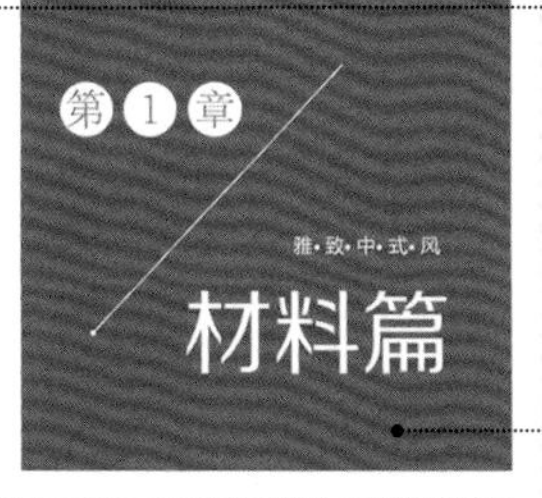

全书分为材料、色彩、软装三个章节，按需查阅，提高效率

特色材质、配色方案、软装元素的推荐

手绘墙画

泰柚木饰面板

中花白大理石

Contents
目 录

客厅材料课堂

泰柚木饰面板

泰柚木质地坚硬，细密耐久，耐磨耐腐蚀，不易变形，是涨缩率最小的木材之一。

其天然的纹理和色泽，令空间呈现出浓郁的自然风情。

挑选泰柚木饰面板时要注意，应挑选材质细致均匀、色泽清晰，木纹美观，表面没有疤痕的。在实际应用中还要注意，配板与拼花时纹理应按一定规律排列，相邻板材木色应相近。

手绘墙画

泰柚木饰面板

中花白大理石

白色人造大理石

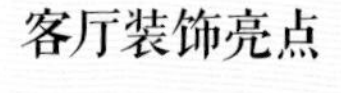

客厅装饰亮点

①白色大理石装饰的电视墙，展现出现代中式风格居室简约大气的特点，使墙面的整体感更加简洁通透。

②设计线条简约流畅的米白色布艺沙发，柔软舒适的触感，搭配大块地毯，提升了客厅的舒适度。

混纺地毯

客厅装饰亮点

①以巨幅山水画装饰的电视墙，虚实处理得当，为客厅营造出浓郁的中式意境。

②抱枕与沙发的颜色形成鲜明对比，呈现出清爽、明快的视觉效果。

③木质家具选用白色与黑色两种色彩，明快的对比，简约的线条设计，更加凸显了现代中式风格追求时尚，不忘初心的设计理念。

米白色网纹玻化砖

客厅装饰亮点

①简约的隔断划分客厅与其他空间的同时，将玄关处的景色成功引入室内，利用借景的手法提升了整个客厅的装饰颜值，为客厅带来悠远的意境。

②黑色木质窗棂造型作为墙面装饰，打破了墙漆的单调感，加强了空间的中式韵味。

客厅装饰亮点

①以直线条的现代中式家具让客厅看起来利落大方。

②花鸟题材的水墨画是客厅装饰的点睛之笔，为简约的空间带来悠远的意境美。

客厅装饰亮点

①客厅用色以米色、棕色为主，整体效果沉稳、大气。

②实木家具的厚重感，诠释了中式家具的高贵气质。

③泼墨山水图装饰的电视墙，很好地烘托出中式情怀和氛围。

米色网纹大理石

客厅装饰亮点

①梅花为题材的装饰画，让素色墙面更有美感，也为居室带来祥和的气息。

②选材考究的实木家具搭配浅色布艺沙发，视觉效果柔和。

黑胡桃木饰面板

客厅装饰亮点

①沙发墙面的装饰画与布艺元素的色调形成呼应，营造出淡雅、宁静的空间氛围。

②黑色木饰面板与白色大理石作为电视墙的主材，色彩对比强烈，展现出现代中式风格居室时尚大方的一面。

客厅装饰亮点

①丰富多彩的软装饰品，为空间带来无穷的趣味与美感。

②深浅色不同的家具穿插组合，为室内增添了层次感。

中花白大理石

客厅装饰亮点

①利落的直线条，让简约的现代中式客厅层次更加丰富。

②深色的实木家具，营造出空间沉稳、大气的氛围。

白橡木金刚板

米色人造大理石

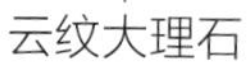

云纹大理石

肌理壁纸

胡桃木饰面板

客厅装饰亮点

①将吊顶设计成回字造型，简洁大方，体现出浓浓的中式韵味。

②客厅整体的选色沉稳大气，棕色调与米白色的组合，十分和谐。

③暖色灯光的运用，为空间带来温馨感。

白色人造大理石

客厅装饰亮点

①充满创意的金属摆件、水晶吊灯等元素的装饰，为中式风格的居室注入时尚感。

②沙发墙局部采用银镜作为装饰，丰富了空间的整体层次。

③错落布置的小型家具，既强化了空间的实用性，又有良好的装饰效果。

装饰壁布

客厅装饰亮点

①古色古香的壁布，象征着富贵吉祥，中式韵味浓郁。

②木质家具的色调沉稳，搭配浅色的绣花抱枕，让客厅更加温馨。

实木装饰线密排

客厅装饰亮点

①室内采用对称式布局，仿明清时期的现代家具营造出空间的中式美感。

②云纹图案的地毯，沉稳大气，也在视觉上中和了地砖的冷硬质感。

红橡木金刚板

肌理壁纸

实木装饰线

木质踢脚线

客厅材料课堂

木质踢脚线

木质踢脚线可以根据材料等级，分为实木和密度板两种类型。可以根据墙体与地面的色彩，来选择踢脚线的材质与颜色。它既能使墙体与地面的连接更加牢固、美观，还可以中和地砖给空间带来的冰冷感。

市场上真正的实木踢脚线其实很少见，主要是因为实木踢脚线的价格高，制作材料难得；密度板其实就是人造板，虽然价格比实木板低，效果又与实木板类似，但在环保方面的性能不如实木板好，时间长了可能会出现潮湿、变形等问题。

客厅装饰亮点

①木质家具的线条简洁大方，精致纤细的造型也让小客厅看起来更加宽敞明亮。

②矮松盆栽的点缀，体现自然雅趣的同时也彰显了中华民族坚强不屈的气节。

客厅装饰亮点

①电视墙的设计优雅，局部的中式造型美观别致。

②客厅整体的装饰色彩简洁，线条简约，展现了现代中式风格特有的美感。

手绘墙画

客厅装饰亮点

①客厅的灯光选用白光与暖光结合，光影层次丰富，明亮而不失柔和。

②极富中式韵味的布艺元素营造出中式风格富贵华丽的氛围。

③古朴的中式实木家具，质感与品质极佳。

胡桃木饰面板

硅藻泥壁纸

中花白大理石

黑胡桃木饰面板

艺术地毯

客厅装饰亮点

①客厅整体以灰白色为主色调，明快而不失柔和感，完美地展现出现代中式风格的时尚感与简约美。

②暖色系的布艺抱枕点缀其中，为居室增添喜庆的气氛。

③装饰画的色调淡雅，搭配绿植的点缀，展现出现代中式风格的自然雅趣。

木纹大理石

客厅装饰亮点

①灯饰、瓷器、花艺等软装元素的点缀，从细节上彰显了中式风格的品位。

②木饰面板与实木线条的运用，让客厅更有传统中式风格居室的沉稳格调。

③抱枕的色彩丰富了空间整体色调的层次，令空间更加华丽。

客厅装饰亮点

①花开富贵作为电视墙的装饰主题，彰显了中式传统文化的美好寓意。

②工艺精湛，质感古朴的中式家具搭配各种中式元素，让中式风情展现得淋漓尽致。

客厅装饰亮点

①沙发墙采用层次丰富的山水画作为装饰，营造出意境悠远的视觉效果。

②木质家具上精致的复古纹样，彰显了古典家具的魅力。

③家具与饰品的对称式摆放，展现出中式风格规整、方正的布局特点。

米色网纹大理石

客厅装饰亮点

①暖色灯光的组合运用，营造出更加温馨舒适的空间氛围。

②利用装饰画的色彩作为空间的点缀色，提升了空间的配色层次，增添美感。

③简约的家具融入了一些金属元素，为传统家具增添了现代时尚感。

浅米色人造大理石

客厅装饰亮点

①电视墙以梅花作为装饰主题，搭配绿植盆栽、精致的瓷器、布艺等元素，使空间散发出安逸祥和的气息。

②家具保留了传统家具的外形，摒弃了复杂的雕花，呈现的视觉效果更加利落质朴。

③灯光以暖色调为主，令整体氛围更加温馨安逸。

木纹大理石

客厅装饰亮点

①电视墙两侧对称摆放的盆栽，平衡了装饰布局，也强化了中式空间的自然雅趣。

②大量使用的布艺元素，提升了实木家具的舒适度，也柔化了空间的氛围。

③米色调的背景色搭配棕红色的木质家具，彰显了传统中式风格居室沉稳内敛的特点。

木纹大理石

混纺地毯

客厅装饰亮点

①简约的黑色实木线条，勾勒出现代中式家具的线条感，色彩的深浅搭配也让客厅更加简洁明快。

②电视墙两侧对称设计的壁龛，收纳了瓷器、花艺及书籍等。

③浅色调的背景，让开放的空间更加宽敞、明亮。

浅灰色网纹玻化砖

客厅装饰亮点

①家具与墙面的木饰面板色调相仿，营造出色调和谐的中式空间。

②充满科技感的现代吊灯为居室增添了时尚感。

浅橡木无缝饰面板

山纹大理石

客厅装饰亮点

①仿宫灯造型的吊灯，装饰有华丽的传统纹样，流露出古色古香的韵味。

②布艺元素的色彩低调，极富质感的面料更显华丽。

③茶几上一束清秀的梅花点亮整个空间。

浅米色网纹玻化砖

客厅装饰亮点

①白色大理石搭配深色木质面板，造型简洁，色调明快。

②布艺元素选色清秀淡雅，为空间带来华美的视觉效果。

实木装饰线

云纹大理石

米黄色网纹大理石

装饰壁布

中花白大理石

客厅材料课堂

万字格装饰造型

万字纹是中国传统装饰纹样中极富代表性的一种，有吉祥、万福和万寿之意。万字格的材质可选性比较多，如樱桃木、胡桃木、橡木、榉木等；在颜色的选择上可以根据居室配色来选择；造型可以是圆形、方形、直角形或直线造型。采用万字格作为顶面装饰，通常是与石膏板进行搭配，先将石膏吊顶设计安装完毕，再根据石膏吊顶的形状、留白位置来安装万字格雕花。

万字格有很浓的中国风，可为居室带来书卷气，但并不局限于在中式风格居室中使用，运用在其他风格居室中也会有画龙点睛之效，只需要适量的装饰，即可带出韵味。若大面积使用，且所用木材的色调较深，反而会有陈旧感。

客厅装饰亮点

①背景墙上的“喜上眉梢”是整个客厅装饰的点睛之笔，充分展现了中式文化浑厚的底蕴。

②顶面装饰线采用简化的万字格，细节处体现了中式风格的品质与格调。

白色玻化砖

云纹大理石

实木顶角线

浅米色玻化砖

浅灰色网纹大理石

黄橡木金刚板

布艺软包

混纺地毯

有色乳胶漆

木质窗棂造型

装饰壁布

黑胡桃木装饰线

木纹玻化砖

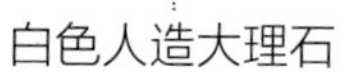

白色人造大理石

装饰硬包

布艺软包

客厅装饰亮点

①实木家具精美的雕花与复古的造型，彰显了中式传统家具精湛的工艺与独特的匠心。

②充满艺术感的装饰画，中和了浅色墙面的单调感，彰显艺术的趣味性。

浅啡网纹大理石

客厅装饰亮点

①抱枕的选色很富创意，色彩既有张力，又不会显得喧哗。

②电视墙选用浅啡网纹大理石作为主材，四周的暖色灯带，弱化了石材的厚重感，凸显了纹理，呈现强烈的自然质朴之美。

③明黄色的陶瓷坐墩，是客厅配色的亮点，为客厅增添了不可或缺的活跃感。

肌理壁纸

客厅装饰亮点

①肌理壁纸装饰的墙面，细腻的纹理，柔和的色彩，呈现淡雅温馨的格调。

②沙发墙书法作品的运用，是客厅装饰的点睛之笔，为客厅带来浓郁的文化气息。

客厅装饰亮点

①水墨画装饰的电视墙，意境深远。

②家具的设计线条简洁利落，深浅色的对比让空间充满张力。

③布艺抱枕、瓷器、花艺等元素的色彩提升了空间整体色彩的层次感。

手绘墙画

客厅装饰亮点

①家具的线条设计保留了传统古典中式家具的曲线，摒弃了复杂的雕花纹样，给人的感觉更加简约流畅。

②瓷器、花艺、布艺、茶具等极富古典韵味的软装元素，为空间带来浓郁的人文气息。

客厅装饰亮点

①回纹图案的地毯，强化了空间的中式情调，也让居室氛围更加舒适。

②客厅的硬装设计运用了大量的留白，展现出新中式风格优雅内敛与自在随性的风格特点。

③电视墙充满现代感的涂鸦装饰，时尚感十足。

有色乳胶漆

浅啡色网纹玻化砖

客厅装饰亮点

①肌理壁纸细腻的纹理搭配简约的黑色线条，让电视墙的设计简洁大方。

②瓷器与花艺的完美结合，提升了整个简约空间的颜值，使空间的整体氛围清新婉约。

③布艺元素的装饰图案以花卉为主，更显精致。

肌理壁纸

客厅装饰亮点

①棕色与白色组成的空间主色调，使空间的氛围温婉而明快。

②三联水墨画打破了白墙的单调，同时与电视墙的手绘图案形成呼应。

③矮松、红梅等植物的点缀，使室内的中式韵味更加浓郁。

米白色玻化砖

中花白大理石

客厅装饰亮点

①山水云海装饰的沙发墙，自然意境浓郁。

②沙发墙与电视墙均采用对称式布局，展现出中式风格居室优雅端庄的美感。

③精心挑选的工艺品、灯饰、茶具等展现出传统中式风格深厚的文化内涵。

白色板岩砖

客厅装饰亮点

①仿古造型的吊灯，线条优美流畅，搭配流苏吊坠，装饰效果极佳。

②白色实木家具搭配华丽的布艺元素，令客厅显得清新秀丽。

③绿色陶瓷坐墩是客厅装饰的点睛之笔，一抹看似随意的绿，使空间的整体色彩更加明朗。

装饰壁布

艺术地毯

米白色网纹玻化砖

手绘墙画

胡桃木窗棂造型

客厅材料课堂

木质窗棂造型

木质窗棂造型通常选用优质木材，采用榫卯结构接在一起，以精湛的工艺，展现出优雅的装修风格。利用木质窗棂造型来丰富客厅墙面的设计，是最能突出墙面设计的一种手法。将传统的中式文化艺术与现代装饰融为一体，设计感更强、更巧妙。

木质窗棂在进行安装时，应在预留位置涂抹一层万用胶，使其与边框、墙面、地面紧密黏合，必要时还要搭配一些榫头，以增强牢固度。

客厅装饰亮点

①棕色、白色、米色的搭配，让空间整体呈现出沉静、安逸的感觉。

②灯饰、玉璧、瓷器等装饰元素的点缀运用，营造出一个古色古香的中式居室。

直纹斑马木饰面板

肌理壁纸

布艺软包

木纹玻化砖

浅灰色网纹大理石

红樱桃木饰面板

装饰壁布

浅灰色网纹玻化砖

有色乳胶漆

胡桃木饰面板

有色乳胶漆

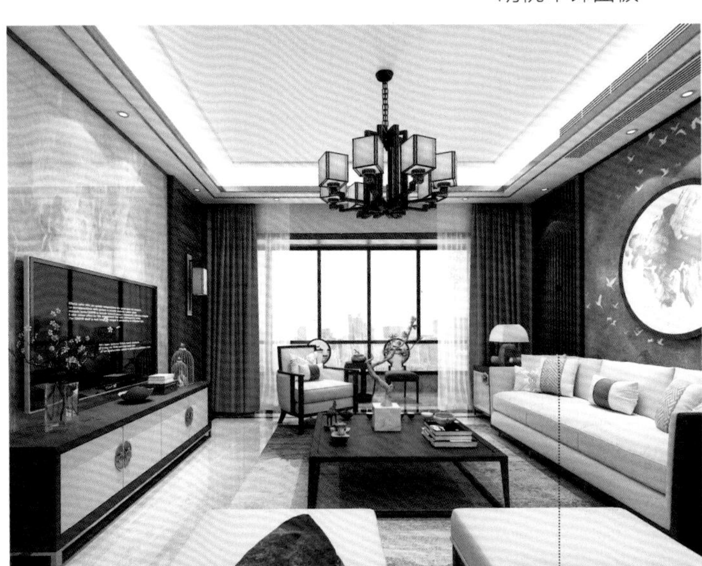

实木装饰线密排

装饰灰镜

浅灰色网纹哑光地砖

米色人造大理石

布艺软包

羊毛地毯

客厅装饰亮点

①大量的留白，让客厅整体给人的感觉简约随性。

②装饰画的运用为空间带来趣味性。

③深色木地板搭配同为深色的地毯、沙发及家具，让空间的重心更加稳定。

客厅装饰亮点

①客厅整体以梅花作为装饰主题，呈现出一派祥和安宁的气息。

②传统木质家具与布艺沙发的结合，舒适度与美观度兼顾。

③视感通透的格栅作为墙面装饰，为客厅带来丰富的层次感。

黑胡桃木窗棂造型

客厅装饰亮点

①简化的线条设计，视觉效果简洁利落，呈现出现代中式风格的特点。

②棕红色、蓝色、高级灰等小面积色彩的点缀，营造出高雅、华丽的视觉效果。

客厅装饰亮点

①山水画是整个客厅装饰的亮点，搭配简化的线条，简洁素雅富有中式魅力。

②充满梦幻色彩的水晶灯用来装饰中式风格居室，效果更加出彩。

③绿植永远是营造居室和谐氛围的良选。

客厅装饰亮点

①全金属材质的边几，线条设计简洁流畅，为传统居室增添了时尚感。

②布艺元素的色彩十分柔和，让客厅更加温馨舒适。

客厅装饰亮点

①吊灯的造型新颖别致，提升整体空间的颜值。

②沙发与墙面采用同色系配色手法，让客厅更加温馨舒适。

③精美花卉的点缀，既能美化空间又能净化空气。

中花白大理石

泰柚木饰面板

客厅装饰亮点

①以浅色为背景色，可以让小客厅看起来更显宽敞明亮。

②简化的中式风格家具，色彩明快，结实耐用。

肌理壁纸

客厅装饰亮点

①以大量的棕红色木饰面板作为客厅装饰的主材，家具选用白色调可以让空间看起来更和谐，减轻压抑感。

②简约的木质线条，让客厅的墙面、顶面的设计层次更加丰富。

③大量的布艺元素，花色丰富，为空间带来盎然的生机。

黄橡木金刚板

金箔壁纸

客厅装饰亮点

①水晶吊灯搭配金箔壁纸，为现代中式风格居室增添华丽感。

②白色作为客厅的主色调，视觉效果整洁、明亮，茶几、电视柜等小型家具选用深色，彰显了现代中式风格自由随性的美感。

黑胡桃木窗棂造型

客厅装饰亮点

①电视墙两侧运用对称的实木窗棂造型作为装饰，丰富了空间的层次，也彰显了传统中式纹样的魅力。

②设计线条简洁大方的休闲椅，搭配柔软厚实的布艺坐垫，更舒适，呈现出休闲惬意的空间氛围。

爵士白大理石

白橡木金刚板

白色人造大理石

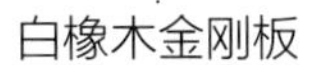

黄橡木金刚板

肌理壁纸

客厅装饰亮点

①顶面与墙面的装饰线条简洁，造型形成呼应，体现装饰搭配的整体性。

②沙发与墙面的同色系配色，使现代中式风格居室看起来更加简洁、温馨。

客厅材料课堂

实木复合地板

实木复合地板兼具强化地板的稳定性与实木地板的美观性，具有环保优势，以其天然木质感、容易安装维护、防腐防潮、抗菌且适用于地热等优点受到许多家庭的青睐。

实木复合地板不需要打蜡和油漆，同时切忌用砂纸打磨抛光。因为实木复合地板不同于实木地板，它的表面本身就比较光滑，亮度也比较好，打蜡反倒是画蛇添足。

木质窗棂格栅

爵士白大理石

有色乳胶漆

装饰壁布

红樱桃木装饰线

木质窗棂造型隔断

装饰灰镜

有色乳胶漆

米色网纹玻化砖

中花白大理石

木质窗棂造型

石英砖

云纹大理石

灰白花大理石

黑胡桃木装饰线

客厅装饰亮点

①电视墙的对称式设计，彰显了传统中式风格追求平衡美的特点。

②灰蓝色调的布艺抱枕搭配米白色的沙发，营造出安逸沉稳的空间氛围。

③绿植盆栽的运用为居室带来自然美。

黑胡桃木装饰线

客厅装饰亮点

①简单利落的深色木质线条，让客厅更加简洁大气。

②手绘山水图案的大量运用，为客厅注入诗情画意。

③绿植是居室中不可或缺的元素，为空间注入无限活力与自然之美。

肌理壁纸

客厅装饰亮点

①以白色调为主的客厅，彰显了现代中式风格居室洁净、优雅的美感。

②布艺元素、花艺饰品等元素的点缀，提升空间搭配的颜值，让居室充满活力。

泰柚木饰面板

客厅装饰亮点

①沙发墙的水墨风景画，营造出悠远的意境。

②丰富的光影层次，让居室更温馨。

③精致的瓷器、花艺、布艺等元素的点缀，丰富了空间，展现出中式风格居室的精致品位。

黑白根大理石波打线

肌理壁纸

客厅装饰亮点

①沙发墙运用三联装饰画作为装饰，打破了白墙的单调感，为空间增添了传统中式韵味。

②大量的布艺元素，色彩华丽，搭配米白色调的布艺沙发，视觉效果更加清亮。

客厅装饰亮点

①简化的现代中式家具，运用简洁的线条搭配木材原本的纹理来表现家具的质感，让整个居室的氛围更自然质朴。

②墙面装饰的题材与造型充满创意，为中式风格居室增添了一份现代时尚感。

客厅装饰亮点

①简单利落的黑色木质线条，勾勒出现代中式居室简洁、明快的美感。

②直线条为主的家具迎合了硬装设计的理念，体现出空间搭配的用心。

③布艺抱枕、饰品摆件等元素极富古典韵味，展现了中式风格特有的魅力。

装饰硬包

客厅装饰亮点

①灰白色为主的客厅，让现代中式风格呈现出雅致而带有一份高级感的视觉效果。

②蓝色休闲椅的运用，成就了经典的现代中式配色，展现了中国蓝的魅力。

灰白花大理石

实木装饰线密排

肌理壁纸

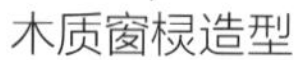

木质窗棂造型

白色人造大理石

黑胡桃木饰面板

客厅装饰亮点

①灯饰的造型简洁大方，在细节处理上运用了简化的中式线条，兼备了装饰性与功能性。

②米白色的布艺沙发搭配深色实木家具，深浅颜色的合理搭配，展现出现代中式风格优雅内敛的美感。

③沙发上随意摆放的布艺抱枕，色彩丰富，花纹精致，为客厅增添舒适度与美感。

泰柚木饰面板

客厅装饰亮点

①木饰面板作为沙发墙的装饰，纹理自然，营造出质朴自然的美感。

②简约的现代中式家具搭配精美的鎏金雕花，展现出传统中式文化的奢华气度。

装饰硬包

中花白大理石

茶镜装饰线

浅啡网纹大理石

客厅材料课堂

浅啡网纹大理石

浅啡网纹大理石具有较高的强度和硬度，还具有耐磨和持久的特性，同时，天然石材经表面处理后可以获得优良的装饰性，能够很好地融入室内空间。在空间宽敞的居室内使用网纹大理石装饰，大理石粗犷的质感与带有线条的图案，可以突出空间的气势。

将大理石用于墙壁装饰时，宜采用干挂的方式施工。且石材厚度至少要在 3 厘米以上，这种厚度便于在石材背后安装铁件，这样厚重的石材才能安稳地固定在墙面上。

客厅装饰亮点

①色泽温润的大理石搭配深色木饰面板，令大理石的质感显得更加通透。

②家具采用深浅两种颜色，利用色彩的对比展现出现代中式居室简约、明快的特点。

印花壁纸

木质窗棂造型

装饰壁布

中花白大理石

混纺地毯

实木顶角线

中花白大理石

米白色玻化砖

混纺地毯

混纺地毯

浅米色人造大理石

艺术地毯

黑胡桃木窗棂造型

装饰壁布

客厅装饰亮点

①线条简洁流畅的红木家具是客厅装饰的亮点，饱满的色泽，清晰的纹理，都彰显着传统中式风格的奢华气度。

②浅色沙发坐垫、抱枕、装饰画的运用，缓解了深色实木家具带来的厚重感，让空间的整体氛围更显和谐。

艺术地毯

客厅装饰亮点

①客厅整体以深棕色为主调，展现出传统中式风格低调内敛的风格魅力。

②灯光的冷暖搭配，让居室的光影效果层次丰富，整体氛围也更加柔和。

③两只布艺抱枕选择充满现代感的宝石蓝，搭配精致的复古纹样，点缀出中式风格的别样魅力。

客厅装饰亮点

①美轮美奂的水晶灯让空间的整体氛围更显高贵、华丽。

②浅色调为主的客厅中，大量布艺元素的运用，点缀出更加丰富的色彩层次，也增加了居室的舒适度与美感。

客厅装饰亮点

①蓝色休闲椅与抱枕的组合，效果明快，为中式风格居室带来别样的美感。

②沙发墙精致的花卉图案，使整个空间散发出清新、淡雅的气息。

客厅装饰亮点

①客厅的顶面与墙面都采用了简化的直线条进行装饰，线条的材质与色彩和木质家具形成呼应，彰显了客厅装饰设计的整体感。

②电视墙两侧对称设计的壁灯，使墙面材质的质感更加突出，暖色的灯光给人带来柔和、舒适的视觉感受。

客厅装饰亮点

①石材与木饰面板装饰的电视墙，既符合空间整体沉稳素雅的色调，又能彰显中式风格的质朴气质。

②现代中式家具给人简洁干练的感觉，搭配浅色的布艺坐垫与抱枕，提升空间的舒适度与美观度。

木纹大理石

客厅装饰亮点

①古色古香的仿古家具，精湛的工艺，考究的选材，彰显了传统中式家具的华贵。

②以梅花与喜鹊为主题的壁纸图案，呈现出“喜上眉梢”的美好意境，巧妙地传达出主人对美好生活的向往及其乐观积极的生活态度。

中花白大理石

客厅装饰亮点

①电视墙两侧对称悬挂的壁灯，采用仿宫灯造型，线条优雅，呈现温暖的视觉效果。

②米白色、浅灰色与深棕色的搭配，彰显了现代中式风格居室简洁、大方的空间格调。

灰白色网纹玻化砖

羊毛地毯

红樱桃木饰面板

金箔壁纸

客厅装饰亮点

①顶面铂金壁纸搭配光影层次丰富的吊灯，营造的氛围更加华丽。

②木质线条搭配灰白色调的大理石，简洁利落。

③瓷器、布艺、画品的点缀运用，美化空间的同时，也彰显了中式风格素雅大气的空间格调。

山纹大理石

客厅装饰亮点

①红木家具为居室带来古色古香的传统中式美感。

②良好的采光，缓解了深色家具的沉闷感，让空间更加宽敞明亮。

③精美的花艺、瓷器等元素的点缀，丰富了空间，彰显出传统文化内涵。

客厅色彩课堂

红色/黄色与大地色系的搭配

中式风格擅长以浓烈而深沉的色彩来体现传统中式家居端庄、优雅的内涵，以棕红色、棕黄色、米色、茶色等大地色为主色调，采用红色或黄色作为点缀搭配，塑造出祥和富贵的传统中式风韵。

黑胡桃木装饰线

泰柚木饰面板

万字格雕花

客厅装饰亮点

①水晶吊灯的设计层次丰富，装饰效果华丽，为传统中式风格居室增添了华贵的美感。

②家具的颜色以深棕色与米白色为主，色彩的鲜明对比，简约明快。

③山水风景画为题材的装饰屏风，为空间带来浓郁的古典气息。

客厅装饰亮点

①梅花作为整个空间的装饰主题，有着“报春报喜”的吉祥寓意，无论是清香扑鼻的花束还是精致的梅花图案，都十分具有感染力。

②家具运用了大量的直线条，同时搭配复古的雕花纹样，彰显了中式传统家具的魅力。

黑色烤漆玻璃

客厅装饰亮点

①线条简洁利落的木质屏风，具有灵活可移动的特点，增加了居室布局的通透感。

②利用布艺元素的华丽色彩进行点缀，提升空间色彩层次，让简约的现代中式风格居室有了一份华丽感。

客厅装饰亮点

①镜面、木材、石材组成的电视墙，利用材质质感的不同，丰富层次。

②深色木质家具搭配米白色布艺沙发，低调内敛中带有一份柔和的美感。

③多元化的软装饰品点缀出精致的中式生活品位。

装饰灰镜

装饰壁布

客厅装饰亮点

①“喜上眉梢”是客厅的装饰主题，随处可见的梅花元素贯穿在整个客厅中，素雅高洁的格调油然而生。

②厚重质朴的实木家具，彰显了中式风格内敛、质朴的气质。

米色玻化砖

客厅装饰亮点

①古色古香的传统中式家具是整个客厅装饰的亮点，精致的线条，复古的样式，无论是细节还是品质，都彰显了传统中式风格的奢华气度。

②绿植的点缀运用，打破传统居室的沉闷感，为客厅带来自然韵味与美感。

青砖

米白色玻化砖

客厅装饰亮点

①以水墨画装饰电视墙，营造出山峦起伏的悠远意境。

②黑色木线条让室内装饰看起来更有层次，更显利落。

③绿色休闲椅的点缀，为居室带来清新的氛围。

灰白花大理石

客厅装饰亮点

①以梅兰竹菊四君子作为装饰画的题材，彰显了悠远美好的意境。

②半通透的木质格栅作为阳台与客厅的隔断，美观大方。

③木地板的颜色沉稳大气，纹理清晰，为室内增添了淳朴内敛的美感。

樱桃木金刚板

红樱桃木饰面板

客厅装饰亮点

①意境悠远的山水画，带来浑厚大气的视觉效果，流露出古色古香的美感。

②简化的灯饰造型，搭配暖色灯光与复古的流苏元素，明亮、柔和而不失雅致。

③实木家具的线条设计简单、流畅，融入了现代家具纤细的特点，颇有时尚感。

中花白大理石

客厅装饰亮点

①白色大理石装饰的电视墙，在灯光衬托下，更加轻盈、通透。

②电视墙两侧设计成对称的搁板用于收纳书籍与各种工艺品，兼备了装饰性与功能性。

③吊灯的设计新颖别致，为中式风格居室增添了现代时尚感。

肌理壁纸

白色乳胶漆

混纺地毯

实木装饰线

白色人造大理石

客厅色彩课堂

多种色彩的点缀运用

若想提升传统中式风格居室空间的色彩层次感，可以选用红色、黄色、绿色、蓝色、紫色等多种色彩进行搭配，通常是将它们体现在瓷器、布艺、书画等软装元素中，起到画龙点睛的作用。

客厅装饰亮点

①布艺抱枕的色彩十分华丽，搭配浅色调的布艺沙发，彰显了现代中式风格居室的轻奢美感。

②硬装部分的木线条与家具选材保持一致，完美地展现了中式风格讲求和谐的装饰原则。

浅米色玻化砖

混纺地毯

中花白大理石

白色人造大理石

陶质木纹砖

胡桃木饰面板

白色乳胶漆

浅米色网纹玻化砖

中花白大理石

浅灰色网纹玻化砖

茶镜装饰线

云纹大理石

混纺地毯

实木装饰横梁

中花白大理石

浅啡网纹大理石

米黄洞石

客厅装饰亮点

①利用玻璃作为客厅与餐厅之间的间隔，通透的质感让两个空间都不会产生压抑感。

②实木线条的选材与家具保持一致，呈现出沉着的美感。

③色彩淡雅的装饰画，为客厅增添了书香气，也缓解了素色墙面的单调。

黑胡桃木窗棂造型

客厅装饰亮点

①淡淡的蓝色墙漆作为空间的背景色，营造出安逸、宁静的居室氛围。

②深色实木家具搭配白色布艺沙发，色彩对比明快，打破了深色木材的沉闷感。

③花艺的点缀，让略带传统韵味的客厅更添雅趣。

客厅装饰亮点

①沙发墙两侧对称装饰的水墨画，让整个室内的中式氛围得到升华。

②沙发选用灰色调，为中式风格居室增添了现代的时尚感与高级感。

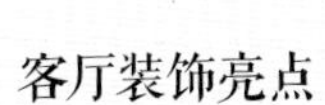

客厅装饰亮点

①以深色木饰面板装饰墙面，整个室内呈现出低调、沉稳、大气的美感。

②沙发作为客厅的主角，选用浅色调，与深色墙面形成鲜明对比，弱化了大面积深色产生的单调感与沉闷感。

客厅装饰亮点

①灰色调的地砖，让浅色为背景色的客厅视感更加稳重，不会太过单薄。

②山水风景为题材的手绘墙画是客厅装饰的亮点，起到画龙点睛的作用。

客厅装饰亮点

①欧式吊灯是客厅装饰中的点睛之笔，为中式居室带来了欧式的华丽与大气。

②蓝色布艺元素的点缀运用，让以暖色调为主的客厅配色更有层次，为客厅带来活力。

装饰壁布

肌理壁纸

客厅装饰亮点

①爵士白大理石装饰的电视墙，洁净通透的质感，让居室看起来更加整洁明亮。

②线条简约的现代中式家具，选用黑色木质边框搭配灰白色布艺饰面，呈现出简洁明快的效果。

白橡木金刚板

客厅装饰亮点

①以精致的木雕作为沙发墙的装饰，呈现低调奢华的气质。

②布艺元素的色彩丰富而华丽，让低调内敛的空间看起来更显柔和。

③半通透的格栅作为客厅与其他空间的间隔，没有实墙的压抑感，装饰效果更佳。

肌理壁纸

混纺地毯

客厅装饰亮点

①以荷叶与莲蓬为题材的装饰画，给人带来安宁的感受。

②以棕色调为主题色的客厅，彰显了传统风格居室沉稳、低调、内敛的特点。

③布艺元素是保证客厅舒适度的最佳选择。

有色乳胶漆

客厅装饰亮点

①山水画的运用，表达了主人寄情山水的美好心境。

②浅卡其色布艺沙发的选择，让人感到温馨舒适，搭配深色木质框架，更加凸显了客厅典雅的韵味。

仿木纹人造大理石

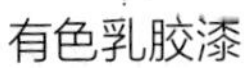

有色乳胶漆

装饰灰镜

肌理壁纸

有色乳胶漆

客厅装饰亮点

①梅花与竹子作为空间装饰的主题，彰显了中式文化的浑厚底蕴。

②蓝色调与青色的组合运用，让空间更加清爽，搭配大量的原木色家具，自然、质朴之感油然而生。

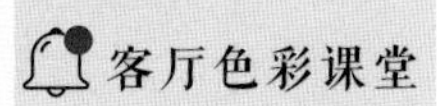

客厅色彩课堂

对比色的运用

中式风格中的对比色多以红色与蓝色、黄色与蓝色、红色与绿色为主。实际搭配时，应合理掌控色彩的明度及使用面积，以免破坏整体的协调性，对比色通常是出现在布艺抱枕或工艺饰品等元素上。

中花白大理石

混纺地毯

实木装饰线

客厅装饰亮点

①棕色、米白色作为客厅的主色调，营造出温馨、舒适、素雅的空间格调。

②色彩饱满艳丽的瓷器、精美飘香的花束、质感丝滑的布艺等元素的点缀，让居室的色彩氛围更加活跃，同时彰显了传统中式风格居室追求富贵华丽的特点。

黑胡桃木饰面板

客厅装饰亮点

①精心挑选的木饰面板，纹理拼贴自然，与白色石材形成鲜明对比，彰显了现代中式风格居室简洁、明快的美感。

②L形布置的沙发，充分利用了客厅的每一寸空间，并且保证了舒适度与美观性。

泰柚木无缝饰面板

客厅装饰亮点

①色泽温润质朴的木饰面板为中式风格居室营造出低调、内敛的气质。

②一束梅花点缀其中，既有一份报喜的吉祥寓意又带有一份高洁美感。

手绘墙画

客厅装饰亮点

①简约的实木线条，勾勒出室内装饰利落、简洁的美感。

②瓷器花瓶的一点亮色，点缀出清新亮丽的效果。

③手工编织的收纳凳，淳朴自然，同时还兼备了一定的收纳功能。

肌理壁纸

客厅装饰亮点

①沙发采用围坐式布局，方便交谈，满足了人们对团圆和气的向往之情。

②茶几的造型设计简单，带有一定的收纳功能，台面上随意摆放的茶具、花艺、书籍，为空间增添了人文气息。

肌理壁纸

实木装饰立柱

客厅装饰亮点

①浅灰蓝色壁纸装饰的背景，给人以十分安逸、宁静的感受。

②厚重的实木立柱，为居室带来了厚重感，与家具的木质材料保持一致，也体现了家居装饰搭配的用心。

③黄色与蓝色元素的点缀运用，为安宁的传统空间带来一份灵动。

茶镜装饰线

客厅装饰亮点

①利用博古架作为客厅与书房之间的间隔，考究的选材搭配丰富的藏品，同时美化了两个空间。

②布艺元素精美的图案，华丽的色彩，彰显了中式风格居室的奢华气度。

装饰硬包

客厅装饰亮点

①硬包装饰的电视墙，立体感强，柔和的布艺饰面让空间氛围更温馨。

②电视墙上暗藏的暖色灯带，使墙面的设计更有层次。

③吊灯的造型极富创意，为传统风格居室增添了现代时尚气息。

实木装饰线

胡桃木无缝饰面板

艺术地毯

中花白大理石

客厅装饰亮点

①灯带的运用让回字形吊顶看起来更有层次，视感也轻盈不少。

②电视柜的造型设计简洁大方，加入象征吉祥的复古雕花图案，简洁利落中带有古朴雅致的美感。

③孔雀绿的抱枕色调十分华丽，提升了整个室内的装饰颜值。

浅灰色网纹玻化砖

客厅装饰亮点

①巨幅山水画的装饰，加强了居室空间的气韵，也渲染出诗情画意之美。

②红色的点缀，让居室充满喜庆祥和的氛围，经典的复古纹样更是赋予空间极高的美感。

③瓷器花艺为空间增添了自然朴实的美感。

混纺地毯

装饰壁布

白色乳胶漆

混纺地毯

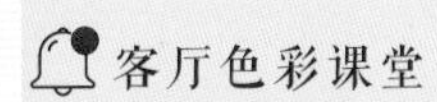

客厅色彩课堂

白色与灰色的组合

白色与灰色的搭配能营造出新中式风格的朴素与雅致，这两种颜色搭配起来适用范围比较广，不受空间大小的限制，同时，也可适当融入一些冷色，如蓝色或绿色作为点缀。若想为空间增添厚重感，则可加入棕色、茶色等大地色系。

客厅装饰亮点

①纯白的背景色让客厅显得宽敞明亮，装饰画提升了空间的艺术感。

②纯铜材质的吊灯，造型简约，米白色灯罩让光线更加柔和，十分优雅。

米色大理石

客厅装饰亮点

①壁纸与木格栅装饰的墙面，让空间设计富有层次感与古朴感。

②银杏叶造型的墙饰与整个居室完美融合，低调而不失奢华美感。

米白色人造大理石

客厅装饰亮点

①利用山水画渲染空间的艺术氛围，是个性价比很高的做法。

②围坐式的布局，边几、边柜等小型家具的穿插运用，提升了空间的功能性，使客厅的舒适度更加完善。

③色彩娇艳的花卉点缀其中，为低调沉稳的传统空间带来一份柔美。

米黄网纹大理石

客厅装饰亮点

①矮松盆栽是客厅装饰的点睛之笔，彰显出坚贞不屈的君子气节。

②家具的线条简洁，黑白两色的对比明快，呈现出更加有亲和力的美感。

客厅装饰亮点

①沙发墙上小面积镜面的运用，让居室的光影效果更加丰富，空间整体感更加明快。

②色调柔和的柚木家具是客厅装饰的亮点，打造出淳朴、低调的中式家居氛围。

③石质坐墩采用镂空式设计，弱化了材质本身的厚重感，提升了装饰效果。

装饰壁布

客厅装饰亮点

①古色古香的传统中式家具，流畅的线条，精美的雕花，对称式的布局，都彰显了传统中式文化的品质与格调。

②沙发墙壁布选用花鸟为装饰主题，梅花与喜鹊的组合，正是象征着“喜上眉梢”的美好寓意。

白色人造大理石

客厅装饰亮点

①墙面壁画给人一种“明月出天山，苍茫云海间”的磅礴气势，是客厅装饰的点睛之笔。

②一字形的沙发布局，左右两侧分别搭配了休闲椅和长凳，灵活实用。

③白色的背景色搭配原木色家具，点缀一些精美的绿植、灯饰、瓷器等，大气而精致。

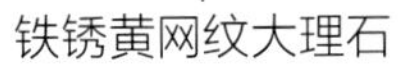
铁锈黄网纹大理石

泰柚木装饰线

客厅装饰亮点

①家具的选材与墙面饰面板保持一致，体现了软装与硬装搭配的协调性。

②沙发墙面精致的印花壁纸，精美细腻的花纹，为居室增色不少。

③高级灰色调的美人榻，简化的造型搭配现代感的配色，混搭韵味十足。

红樱桃木饰面板

客厅装饰亮点

①梅花作为空间的装饰主题，“报春报喜”的吉祥寓意彰显出中式传统文化的底蕴。

②蓝色抱枕的点缀，增添了清新感，令居室的色彩氛围更加和谐。

装饰壁布

白色乳胶漆

白色人造大理石

黑胡桃木装饰线

客厅装饰亮点

①背景墙上点缀的竹叶代替了传统的墙画，让客厅装饰更有创意，利用竹子的寓意彰显中式风格的傲骨。

②沙发一侧摆放的休闲椅，选色淡雅，造型简洁，使客厅的氛围更加温馨。

③茶几上摆放的矮松，是强调空间中式格调的点睛之笔，极富禅意。

红橡木金刚板

客厅装饰亮点

①客厅整体以棕色调为主，古色古香的实木家具，质感好、外形佳，营造出中式风格低调奢华的美感。

②电视墙两侧对称摆放的绿植，为空间带来了自然雅趣。

客厅软装课堂

中式风格布艺元素

1. 带有中国吉祥图案的布艺饰品更能彰显传统中式文化“图必有意，意必吉祥”的特点，如龙凤、云纹、莲花、锦鲤、喜鹊、梅花等极富传统寓意的纹样；这类传统中式布艺的色彩多以金色、紫色、蓝色、红色等华贵大气的色调为主，搭配流苏、云朵、盘扣等中式元素，更具有中式宫廷的贵气与精致。

2. 现代中式风格的布艺装饰并不会有太多繁复的纹样图案，通常以简约的回字纹、万字纹、卷草图案及缠枝花图案为主。色彩以米色、浅棕色等一些淡雅的色调居多。

米白色网纹玻化砖

白色哑光玻化砖

中花白大理石

肌理壁纸

客厅装饰亮点

①吊灯的运用，是客厅装饰的亮点之一，为素雅的空间增添了一份时尚感与科技感。

②沙发一侧摆放了两张X形支架的休闲椅，轻巧灵活，性价比高。

③客厅墙面的大面积留白，缓解了电视墙深色木饰面板的沉闷感，让整体氛围更显和谐，也彰显出现代中式自由、随性的特点。

布艺装饰硬包

客厅装饰亮点

①棕红色调的古典家具，营造出一个古色古香的传统居室氛围。

②电视墙设计成对称的壁龛，陈列的藏品在射灯的映衬下，质感更加突出，使空间的人文气息更加浓郁。

肌理壁纸

云纹大理石

米白色玻化砖

客厅装饰亮点

①客厅整体以棕色与米白色为主，呈现的视感温馨且明快。

②装饰画与瓷器的点缀，是空间内最亮的色彩，为淳朴的居室带来一份华丽感。

米黄色洞石

客厅装饰亮点

①彩色布艺、花艺及瓷器饰品的点缀，提升了客厅的配色层次。

②大量的木质线条让客厅整体的层次更加丰富，彰显了传统中式的古朴韵味。

客厅装饰亮点

①客厅的墙面、顶面都采用了简约的中式线条作为装饰，展现出现代中式风格的简洁、利落、明快。

②布艺元素的色彩华丽，为现代中式风格居室增添了一份清爽、明快的感觉。

客厅装饰亮点

①家具的线条简洁、大气，深浅色的对比也让空间更加明快。

②电视墙运用白色大理石作为主材，迎合了空间干净、整洁的特点。

③电视墙两侧对称摆放的绿植盆栽，为空间带来了自然雅趣，点缀出更加精致的生活。

泰柚木金刚板

艺术地毯

印花壁纸

客厅装饰亮点

①中式鼓凳的色彩柔和，精致的传统图案与整个空间的装饰主题相呼应。

②印花壁纸的色彩淡雅，让室内色彩搭配更显清秀、淡雅。

③布艺沙发给人带来怀旧感，搭配原木色的茶几，营造出中式风格的淳朴格调。

混纺地毯

客厅装饰亮点

①简约的直线条家具十分符合新中式风格居室特点，简洁实用。

②精美的花艺搭配色彩丰富的布艺元素，打破了同色系配色的单调感，提升了空间美感。

客厅装饰亮点

①泼墨画的运用打破了白墙的单调感。

②墙面、顶面的黑色木质线条，增强了空间的利落感，同时与木质家具的选材保持一致，产生温馨和谐的效果。

③布艺元素的点缀必不可少，提升色彩层次，同时也为空间带来轻松的氛围。

客厅装饰亮点

①木质家具精美的复古雕花，体现了中式传统文化内涵，彰显古典家具的独具匠心。

②沙发选用棕黄色调的皮质饰面，沉稳内敛，极富质感。

③布艺抱枕的颜色自然清爽，为居室带来不可或缺的通透感。

泰柚木无缝饰面板

客厅装饰亮点

①简约的灯饰融入现代元素的同时也保留了中式古典灯饰的装饰元素，呈现的视感更加美观大方。

②灯饰、茶具、书籍、瓷器、布艺等物品的点缀，丰富了整个空间的内涵，也更加彰显了中式文化的深厚底蕴。

客厅装饰亮点

①电视墙上暗藏的暖色灯带，让山纹大理石的纹理更加清晰，自然淳朴的纹理为居室带来别样美感。

②低调淳朴的实木家具是空间装饰的点睛之笔，彰显了中式居室的奢华气质。

③布艺抱枕的选色十分华丽，以象征着帝王的黄色为主，搭配精致复古的吉祥纹样，富贵华丽之感更加浓郁。

山纹大理石

云纹大理石

手绘墙画

陶瓷马赛克

客厅装饰亮点

①马赛克、木材、壁纸装饰组成的沙发墙，选材考究，造型丰富。

②柚木家具给人的感觉内敛低调，极具古典家具的厚重感与稳重感。

③精美花束的点缀，芳香四溢，柔化了整个空间氛围。

混纺地毯

客厅装饰亮点

①风扇吊灯为传统风格居室带来了异域美感。

②大叶绿植的装饰，为沉稳低调的客厅增添了自然美感。

③大量的布艺饰品让居室的氛围更温馨。

艺术地毯

手绘图案

肌理壁纸

客厅装饰亮点

①整个客厅的灯光选用暖色与亮白两种，既保证了空间的亮度，又能让光影层次更加丰富，造型复古的灯饰，本身也是客厅中最好的装饰品。

②简约的中式家具，简洁大方且质感突出，完美展现出新中式的精致品位。

客厅软装课堂

中式风格家具

1. 传统中式家具多以明清家具为主，精湛的木质雕花诠释着千百年来中国文化与艺术的内涵，其中以太师椅、官帽椅、圈椅最具有代表性，除此之外还有条案类家具、凳类家具、亮格类家具以及屏风等。传统中式家具以上好的实木为主材，在布局上多采用对称式或围坐式，呈现出一种和谐、宁静之美。

2. 现代中式风格家具秉承了明清古典家具的遗风，保留传统人文气韵的同时，结合了现代工艺，造型更加简洁、大方，更符合现代人的审美，气质恬淡舒适，高贵典雅。

浅米色玻化砖

印花壁纸

米黄色洞石

中花白大理石

装饰茶镜

金箔壁纸

胡桃木格栅

胡桃木饰面板

混纺地毯

金箔壁纸

黑胡桃木装饰线

红樱桃木饰面板

爵士白大理石

米白洞石

爵士白大理石

客厅装饰亮点

①浅色作为客厅主要的背景色，展现出现代中式简洁、大方的美感。

②以棕黄色的木饰面板装饰墙面，弱化了白色大理石的冷硬质感，大气又精致，让客厅的视觉效果更加柔和。

③沙发一侧摆放的休闲躺椅，为空间带来轻松的氛围。

布艺软包

客厅装饰亮点

①将象征着吉祥富贵的荷花作为软包的装饰图案，营造出清雅高洁的氛围。

②木质家具的造型简洁大气，沉稳的色调，考究的选材，都彰显出中式风格的华美。

③大量布艺元素的点缀，提升了客厅的舒适度与美感，同时又迎合了富贵祥和的装饰主题。

手绘图案

客厅装饰亮点

①充满现代感的吊灯为中式风格客厅带来了轻盈的气息，古今混搭十分完美。

②山水风景为绘画主题的手绘墙，让整个居室呈现出悠远的意境。

客厅装饰亮点

①黄色与蓝色的点缀，成为室内装饰的亮点，颜色的互补，碰撞出华美的效果。

②木材的色调沉稳内敛，是烘托传统中式氛围的最佳材质。

③复古的灯饰，温暖的灯光，为空间带来一份神秘感。

实木装饰线密排

客厅装饰亮点

①家具的整体造型经过简化，但在细节处仍采用传统纹样进行修饰，低调而富有内涵。

②茶几上摆放的一束梅花，点缀出整个空间最娇艳的色彩，也为居室平添了一份喜气与祥和。

客厅装饰亮点

①米色调为主色的客厅，给人温馨、舒适的感觉。

②矮松盆栽的运用，为温馨的空间增添了自然气息。

③祥云图案的地毯提升了空间的美感，让整体氛围更加柔和。

客厅装饰亮点

①水墨画的运用，装点出中式韵味浓郁的家居空间。

②质感淳朴的柚木家具搭配灰白色布艺沙发，简约温馨。

装饰壁布

米黄色玻化砖

艺术地毯

客厅装饰亮点

①精致复古的传统家具，饱满的色泽，精湛的工艺，展现出中式传统家具精雕细琢、浑然天成的美感。

②花鸟图在中式风格中寓意吉祥富贵，客厅以大面积的花鸟图作为装饰，为空间带来祥和的氛围。

③瓷器、花艺、画品、茶具等为空间增添了古典的人文气息。

黑胡桃木饰面板

客厅装饰亮点

①深色木饰面板的运用，让浅色为主的客厅看起来更显稳重，也遵循了中式风格沉稳大气的一贯格调。

②浅灰色、白色、蓝色的交叉运用，色彩氛围明快，让中式风格居室有了清爽、淡雅的美感，让空间更有韵味，气质更佳。

黑镜装饰线

客厅装饰亮点

①用白色调作为空间的主色，营造出一个简洁、大方的背景。

②黑色烤漆家具的运用，与白色主题色形成鲜明的对比，让中式格调的空间看起来更时尚、明快。

陶质木纹砖

客厅装饰亮点

①以古典家具精致的雕花与考究的选材，营造出一个古色古香的传统中式风格居室。

②红色的布艺抱枕搭配金色吉祥图案，呈现的视感更加奢华。

③山水画为空间增添了艺术气息。

木质窗棂造型

客厅装饰亮点

①简化的灯饰造型古朴端庄，简洁大方，光线柔和，给人以温馨、宁静的感觉。

②考究的红木家具色泽饱满，简化的设计线条更加符合现代人的审美，搭配色彩华丽的布艺元素，营造出恬淡舒适、高贵优雅的氛围。

山纹大理石

客厅装饰亮点

①博古架是客厅装饰的点睛之笔，考究的选材搭配精致的藏品，使空间的气质和韵味俱佳。

②以山纹大理石装饰电视墙，呈现出气势磅礴的美感，自然的纹理更是为传统风格居室增添了丰富的层次。

肌理壁纸

米黄网纹大理石

艺术地毯

木纹大理石

白色乳胶漆

客厅软装课堂

中式风格饰品

1. 挂屏、盆景、瓷器、古玩、中国结、文房四宝、茶具、木雕等艺术品，都是传统中式居室中十分常见的装饰品，它们既有美好的寓意，又能很好地展现出中国传统文化的精髓。

2. 在饰品摆放方面，现代中式风格是比较自由的，装饰品可以是绿植插花、茶具以及不同样式的灯具等。这些装饰物数量不多，在空间中却能起到画龙点睛的作用。

客厅装饰亮点

①造型复古的灯饰，是客厅装饰的亮点，暖色的灯光，古朴雅致。

②黑色烤漆饰面的家具搭配白色布艺沙发，简洁大方的造型，深浅色调的对比，让客厅的整体感更加明快。

胡桃木饰面板

中花白大理石

肌理壁纸

红樱桃木装饰线

中花白大理石

装饰壁布

木质格栅

茶镜装饰线

灰白色洞石

混纺地毯

装饰壁布

米黄色网纹大理石

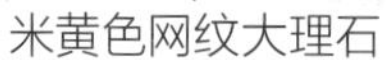

手绘墙画

装饰壁布

客厅装饰亮点

①祥云图案的地毯为居室带来安逸祥和的氛围，搭配浅色的背景，视觉效果更加清爽宜人。

②浅木色的家具，纹理清晰自然，温润的色泽更显自然淳朴。

③色彩明艳的花卉永远是点缀美好生活的良品。

黑胡桃木装饰线

客厅装饰亮点

①简约的直线条简洁、利落，让墙面设计更有层次感。

②客厅的布艺元素多选用浅灰色调，充满现代感的色调让传统风格居室有了时尚感。

③暖色调的灯光让居室氛围更恬淡舒适。

客厅装饰亮点

①红色的点缀，为空间增添了喜庆祥和之美。

②家具的造型简洁，古朴的实木搭配布艺饰面，呈现出宁静和谐的美感。

客厅装饰亮点

①金色线条的修饰，使空间设计更有层次感，也增添了客厅的贵气。

②简约的现代中式家具搭配色彩丰富艳丽的布艺元素，仿古华丽的布艺纹样营造出富贵华丽的中式美感。

黑镜装饰线

客厅装饰亮点

①花白大理石、黑镜线条、黑色胡桃木装饰的电视墙，造型简约、层次丰富，碰撞出沉着优雅的效果。

②沙发的设计造型带有一点欧式格调，与带有中式元素的抱枕相结合，效果出众。

中花白大理石

客厅装饰亮点

①简约的家具融入了大量的现代元素，提升了家具的颜值，同时更加耐用，让传统居室有了现代时尚感。

②装饰画的色彩清爽淡雅，让居室呈现的视觉效果更加和谐。

实木窗棂造型

手绘墙画

中花白大理石

客厅装饰亮点

①精美的瓷器既丰富了空间的色彩层次，又彰显了传统中式文化的底蕴，是中华文明的瑰宝。

②精美的花束，让空间的氛围更加柔和。

③精致的梅花图案壁纸，寓意吉祥，传达出中式文化积极向上的正能量。

实木装饰线

客厅装饰亮点

①电视墙选用山水画作为装饰，将主人品味山水的雅兴流露出来。

②传统实木家具工艺精湛，色调古朴沉稳，搭配精美的布艺元素，将中式风格的奢华气度展露无遗。

装饰硬包

山纹大理石

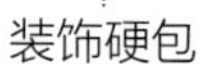

装饰硬包

客厅装饰亮点

①简约的中式家具，保留了古典家具的曲线造型，搭配柔软的布艺坐垫，提升了颜值与舒适度。

②客厅的装饰中有大量的留白，彰显了现代中式风格居室明快、优雅的特点。

布艺软包

客厅装饰亮点

①色泽饱满、质感淳朴厚重的传统红木家具，展现了传统中式风格居室高贵典雅的特点。

②青花瓷器是客厅装饰的点睛之笔，与空间中的传统元素相互呼应，相得益彰。

客厅装饰亮点

①简约的木质家具搭配柔软的布艺沙发，展现了现代中式风格居室的时尚感。

②电视墙两侧对称装饰的实木线条，让居室设计的层次感更加丰富。

客厅装饰亮点

①墙面、顶面的直线条与家具的线条形成呼应，令空间产生一种端庄、有序的美感。

②灰色调的布艺沙发为现代中式风格居室增添时尚感。

③橙红色休闲椅的运用，让灰白色调的空间看起来更有暖意与活力。

肌理壁纸

客厅装饰亮点

①胡桃木家具色调沉稳，纹理清晰，线条简洁，搭配浅色调的布艺坐垫，给客厅营造出恬淡舒适的氛围。

②山水题材的装饰画色调清秀淡雅，展现出主人寄情山水的美好心境。

有色乳胶漆

客厅装饰亮点

①红木家具饱满的色泽，细腻的纹理，展现出传统中式风格的大气之美。

②布艺抱枕上带有大量的复古纹样及流苏元素，展现出传统手工布艺精湛的工艺。

云纹大理石

肌理壁纸

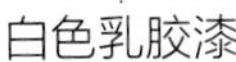
白色乳胶漆

装饰壁布

木质格栅

爵士白大理石

客厅软装课堂

中式风格灯饰

1. 传统中式风格灯具多采用实木、仿羊皮、陶瓷等材质。其中的仿羊皮灯最具有代表性，其光线柔和，给人温馨、宁静的感觉。仿羊皮灯主要以圆形与方形为主。圆形的灯多为装饰灯，起着画龙点睛的作用；方形的仿羊皮灯多以吸顶灯为主，外围配以各种格栅及仿古纹样，造型古朴端庄。

2. 现代风格灯饰的造型简约而不单调，既没有摒弃传统装饰元素，也不会简单地进行元素堆砌，而是将传统元素与现代设计手法巧妙融合。现代中式风格灯饰在搭配时需要注意与空间内的其他饰品形成呼应，例如可以安装同系列的壁灯或台灯，或摆放一些中式元素的装饰品等，以避免产生突兀感。

客厅装饰亮点

①宫灯造型的壁灯暖色的灯光、复古的造型，营造出的光影效果柔和温暖。

②简化的现代中式风格家具，线条流畅，选材考究，充满时尚感的同时又不乏古朴韵味。

③宝蓝色大块地毯的运用，为空间增添了明快感，也彰显了中国蓝的魅力。

印花壁纸

实木踢脚线

装饰壁布

浅橡木饰面板

混纺地毯

混纺地毯

中花白大理石

有色乳胶漆

米色抛光墙砖

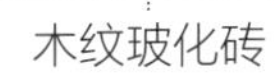

木纹玻化砖

中花白大理石

有色乳胶漆

铁锈黄网纹大理石

装饰硬包

有色乳胶漆

混纺地毯

米白色玻化砖

客厅装饰亮点

①利用山水字画作为空间装饰的主题，迎合了中式风格居室的韵味。

②家具的线条简洁大方，更加符合现代审美与人体工程学，柔软舒适的布艺保证了使用的舒适度，同时，使整体氛围更显温馨。

艺术地毯

肌理壁纸

客厅装饰亮点

①简单的直线条搭配米色壁纸、挂画，营造出一个淡雅、温馨的客厅氛围。

②花鸟图案的壁纸为客厅带来一派鸟语花香的美感。

③红木家具的运用，沉稳内敛，十分符合传统中式风格居室中庸大气的审美。

实木装饰线密排

客厅装饰亮点

①简约的现代家具极富线条感，原木色的饰面看起来更加柔和雅致，呈现出中式风格古朴的禅意。

②亮白色与暖黄色组成的灯光，层次丰富、柔和，营造的空间氛围更加温馨。

③荷花题材的水墨画淡雅别致，艺术气息浓郁。

客厅装饰亮点

①木质格栅与水墨画的组合，提升了电视墙的颜值。

②温润的米色大理石作为墙面的主要装饰，自然清新的纹理呈现出十分高级的视觉效果。

③实木家具的线条设计简练，并以考究的选材呈现出来，带给居室宁静的美感。

米色大理石

客厅装饰亮点

①装饰画与抱枕的颜色，是空间最为亮眼的装饰，彰显了中式风格富贵华丽的美感。

②白色布艺沙发、白色木质家具的运用，让传统色调的居室显得活泼、明快。

客厅装饰亮点

①山纹云海作为沙发墙的装饰，提升了整个空间的艺术感。

②抱枕选择橙色与蓝色，搭配以丝滑的质感，装饰效果极佳，呈现的视感十分华丽。

③深色木质家具饱满的色泽，自然的纹理，尽显传统中式家具质朴、典雅的韵味。

客厅装饰亮点

①山纹大理石是整个空间装饰的点睛之笔，气势磅礴，视觉冲击力强。

②华丽的抱枕、精致的流苏吊坠等布艺元素，完美呈现出古典中式的奢华美。

万字格窗棂造型

客厅装饰亮点

①组合装饰画的运用，为空间带来丰富的层次感。

②白色大理石搭配深色木饰面板，色彩对比明快，材质层次丰富。

③米白色布艺沙发让居室的整体感觉更加简洁舒适。

中花白大理石

红樱桃木无缝饰面板

装饰硬包

客厅装饰亮点

①竹叶是客厅装饰的点睛之笔，给客厅带来轻松、明朗的氛围。

②蓝色调的休闲椅为客厅带来轻松的氛围，也让空间更显清新。

木质格栅

客厅装饰亮点

①布艺抱枕的选色十分丰富，增添了空间色彩的层次感。

②灰白色调的装饰画，极简的题材带有浓郁的艺术感，打破了素色墙面的单调感。